LE

NÉCESSAIRE DU CHASSEUR,

OU

MÉTHODE SURE, INFAILLIBLE,

DE DÉTRUIRE

LES LOUPS, LES RENARDS ET LES FOUINES,

Avec la description des nouveaux pièges, la manière de les tendre et de préparer les divers appâts inconnus jusqu'à ce jour pour y attirer ces animaux, appâts aux moyens desquels on est certain de ne pas prendre les chiens et autres animaux domestiques;

PAR TURQUET.

AVEC PLANCHES.

PRIX : 60 CENT.

PARIS

LIBRAIRIE COMMERCIALE DE MARTELLON,

25, QUAI DES AUGUSTINS;

PILOUT ET COMP^e, 22, RUE DE LA MONNAIE;

ET CHEZ TOUS LES LIBRAIRES.

1840

IMPRIMERIE ET FONDERIE DE F. LOCQUIN ET Ce,
16, rue Notre-Dame-des-Victoires.

LE

NÉCESSAIRE DU CHASSEUR.

Les naturalistes rangent le *loup* et le *renard* dans la classe des mammifères, à l'ordre des carnassiers, famille des carnivores, tribu des digitigrades, genre chien. De tous les animaux qui habitent les forêts de notre zône tempérée, ces deux *espèces* sont certainement les plus malfaisantes, celles qui font le plus de dommages dans les campagnes. Enseigner une manière sûre de détruire les loups et les renards serait donc rendre un service à la société : Nous désirons que ce petit ouvrage paraisse digne de ce but.

Les traités que nous avons sur la chasse indiquent plusieurs sortes de pièges pour prendre le loup et le renard, comme : la *fosse à bascule*, l'*assommoir*, les *lacs coulants*, le *hausse-pied*, la *lassière*, la *chambre à loup*, le *tour à loup*, la *fosse à loup*, etc., et même l'*affût*, piège qui consiste simplement à attendre, armé d'un fusil, sous un buisson ou sur un arbre, près d'un *appât* ou *proie*, les animaux que l'on veut détruire. Ces différents pièges sont tous plus mauvais les uns que les autres ; le chasseur qui voudrait les mettre en pratique ne prendrait peut-être pas un animal tous les dix ans par leur moyen. S'il arrive que l'on prenne quelques loups ou renards à l'aide des pièges enseignés dans les livres, c'est à de tels intervalles que les plus intrépides chasseurs finissent par s'en lasser.

Le manque absolu de pièges certains pour les bêtes de nos bois, fait que, malgré la prime accordée par le gouvernement pour la destruction des loups, le nombre de ces animaux, au lieu de diminuer, va en augmentant chaque année, au grand détriment des propriétaires de troupeaux.

De tous les moyens, celui de l'affût est, sans contredit, le plus détestable ; nous conseillons vivement qu'on s'en abstienne. Ceux qui *vont à l'affût* perdent un repos nécessaire, ruinent leur santé ; un rhume, un douloureux rhumatisme sont le résultat le plus assuré de ces factions nocturnes. Dans les campagnes, où ce genre de chasse est en crédit, beaucoup de maladies graves en proviennent. Nous appelons, sur ce point, l'attention des esprits droits.

Les derniers auteurs qui aient écrit sur la chasse, ont pris dans les livres de leurs devanciers la plupart des pièges qu'ils indiquent ; d'un autre côté, nous présumons que ces devanciers eux-mêmes n'avaient donné ces pièges que sur de vains rapports ou sur des suppositions tout aussi vaines. Parmi les pièges énumérés plus haut, il en est, nous en sommes sûrs, avec lesquels personne n'a jamais pris un seul loup; nous citerons pour exemple : le *hausse*-pied, l'assommoir et la lassière ; pour prendre des loups avec de semblables pièges, il faudrait que ces animaux fussent aussi multipliés dans les forêts que le sont les volailles dans la basse cour des métairies.

On a prétendu qu'au moyen de *trainées* faites avec diverses drogues, ou avec des viandes gâtées, on attirait les loups aux pièges; c'est une erreur. Les loups ne suivent pas les trainées ou ne les suivent pas long-temps ; nous le savons d'expérience. D'autres pourront s'en convaincre s'ils veulent étudier, s'ils veulent observer les précautions que prend un loup·

qui approche d'une proie, nous reparlerons plus loin de ces *ruses* du loup.

Nous avons dit que les ouvrages sur la chasse, anciens et nouveaux, indiquaient un bon nombre de pièges tout-à-fait insignifiants pour la destruction des loups et nous avons cité entr'autres : le hausse-pied, l'assommoir et la lassière; il pourrait se trouver de nos lecteurs qui ne connussent pas ces pièges, nous allons essayer de leur en donner une idée suffisante.

LE HAUSSE-PIED.

Le piège appelé *hausse-pied* se construit ainsi : on choisit dans le bois où se trouve des loups, un arbre que l'on puisse ployer, mais assez fort cependant pour qu'en se redressant il puisse enlever un loup; on enfonce en terre deux piquets à crochets; on place une traverse dans les crochets qui doivent être courts et à environ cinq centimètres du sol; avec un bout d'une corde on attache à la traverse la cime de l'arbre ployé; enfin, de l'autre bout de la corde on forme un *collet* à nœud coulant qu'on laisse traîner sur la terre. Lorsqu'un loup sera pris à ce collet, en se débattant, il fera sortir la traverse des crochets, l'arbre se relevera et l'animal s'y trouvera pendu.

L'idée est assez originale, mais les loups ne se prennent guère aux collets comme les alouettes. Quand on établirait dans une forêt autant de ces pièges qu'il y aurait d'arbres susceptibes d'en former, nous pensons qu'il ne s'y prendrait pas de loups.

L'ASSOMMOIR.

Ce piège n'est pas moins innocent que le précédent; il offre un ensemble de planches et de planchettes assez semblable au piège à rats appelé *quatre de chiffres*; il y a dans l'un comme dans l'autre une bascule; l'animal attiré par un appât, fait retomber sur lui un poids qui l'écrase.

LA LASSIÈRE.

Avec ce piège, on prendrait les loups vivants *si l'on pouvait en prendre :* C'est un filet. Tous les chasseurs connaissent les filets appelés *poches* ou *bourses* dont on se sert pour prendre les lapins aux terriers; la lassière est un filet semblable, seulement elle est faite de cordes plus fortes, et les mailles en sont beaucoup plus larges.

Le filet appelé lassière est un carré de

deux mètres de côté ; on le tend dans un fossé ou mieux dans des fosses creusées au milieu d'une haie ou de halliers, et l'on pourchasse ensuite le loup de façon à l'amener à passer où la lassière est tendue. Quelle niaiserie ! Qui a jamais chassé et pris des loups de cette manière ?

Ce serait perdre notre temps et en faire perdre à nos lecteurs que de parler davantage des pièges niais, sinon absurdes, imaginés jusqu'à présent pour prendre les loups. Maintenant nous allons nous occuper d'en enseigner de certains, d'éprouvés, lesquels ont été mis en pratique dans le canton de Montrichard (Loir-et-Cher) par l'auteur de cette notice et par son père; ils en firent les premiers essais en 1790 : à cette époque, il y avait dans la forêt de Montrichard, non pas une grande quantité de loups, mais assez pour qu'ils causassent des pertes considérables aux cultivateurs du voisinage. Ce fut après trois années de patientes expériences qu'ils trouvèrent le moyen de mettre en défaut la défiance habituelle du loup, défiance qui lui fait éviter bien des embûches. A partir de 1793, la forêt de Montrichard fut presque entièrement débarassée de ces dangereux animaux; nous y en prîmes beaucoup : la mairie de Montrichard a enregistré tous les loups que nous avons pris.

Les pièges dont nous nous servions étaient des *traquenards* en fer; nous en donnerons la description; nous dirons le poids qu'ils doivent avoir, la force à donner au ressort, la manière d'y attirer les loups, et les endroits qui conviennent le mieux pour les tendre.

DU LOUP.

Le loup a une grande ressemblance physique avec le *chien de berger*; cependant ces deux animaux naissent ennemis; ils se haïssent par instinct. Le loup a une bonne vue; ses yeux luisent dans l'ombre comme ceux du chat; il a l'ouïe et l'odorat très-sensibles; sa constitution est vigoureuse; en général il est plus fort que la plupart de nos chiens. Nous avons vu un loup pris par une patte de devant dans un traquenard du poids de 20 kilogr. sauter un fossé de plus de six mètres de largeur. Heureusement le courage du loup n'est pas en rapport avec sa grande vigueur et la férocité qu'on lui connaît; il est lâche; dès qu'il est cerné, qu'il est pris, il se laisse tuer ou museler sans la moindre résistance.

DES PRÉCAUTIONS QUE PRENNENT LES LOUPS POUR S'APPROCHER D'UNE PROIE.

Les loups sentent une proie à de grandes distances; surtout lorsque le vent leur en porte les émanations. Lorsqu'un loup a senti une proie, il se dirige dessus, le nez dans le vent, jusqu'à ce qu'il n'en soient plus éloigné que d'une centaine de mètres; arrivé là, il tourne plusieurs fois autour, mais en s'en rapprochant peu à peu et sans cesse; il se dirige de nouveau directement sur la proie quand il n'en est plus qu'à douze ou quinze pas. Remarquons qu'un loup n'aborde jamais une proie que le nez dans le vent: cette remarque n'est pas aussi futile qu'elle en a l'air.

Nous avons acquis la connaissance de ces faits par de nombreuses observations; si quelques personnes doutaient de leur exactitude, elles pourraient les vérifier aisément; l'expérience est même curieuse: il n'y a qu'à placer une proie sur la neige ou dans un nouveau labour ; et lorsqu'un loup aura été à la proie, d'examiner le trajet qu'il aura fait pour y arriver.

Quand un loup sent une proie, s'il n'est pas sous le vent, il fait un grand détour pour s'y mettre, et il se dirige ensuite sur sa proie comme nous venons de l'indiquer. Si pendant qu'il avance ainsi prudemment, à pas de loup, c'est le cas, ou jamais d'employer cette juste locution proverbiale, il lui vient au *flair* des odeurs autres que celles de la proie, il n'a garde d'en approcher, à moins pourtant qu'il n'ait pas mangé depuis long-temps : car la faim chasse le loup du bois; qu'on nous pardonne encore ce proverbe vulgaire, que le sujet amène naturellement sous notre plume.

PARAGRAPHE DANS LEQUEL L'AUTEUR RACONTE LA SUITE D'OBSERVATIONS QUI L'ONT AMENÉ A EMPLOYER LES MOYENS QU'IL ENSEIGNE.

Lorsque nous essayâmes pour la première fois de prendre des loups au piège, ce fut à la suite d'un événement fâcheux; les loups avaient tué dans la forêt de Montrichard, l'unique cheval d'un pauvre voiturier. Nous fîmes transporter les parties du cheval que les loups n'avaient pas dévorés dans un éclaircie de taillis, et nous tendîmes nos pièges près de cet appât. Les pièges demeurèrent tendus une quinzaine de jours, sans que rien ne vint s'y prendre; cependant nous voyions dans les chemins et sentiers qui bordaient et traversaient l'enceinte où nos pièges étaient tendus, des marques certaines que les loups venaient pendant la nuit rôder autour de l'appât. Ces empreintes nous entretenaient dans l'espérance d'en prendre quelques uns, mais il fallut la perdre; nous fûmes obligé de relever nos pièges sans savoir précisément quelle était la cause de notre déconvenue. Nous crûmes que le manque de réussite tenait à cela, que nous avions changé la proie de place, que la terre avait dû être remuée pour tendre les pièges, que le jour qui suivit la nuit où le cheval avait été tué par les loups, la plupart des personnes qui étaient venues dans la forêt sur le lieu de l'événement, avaient dû y faire des ordures dont les émanations inquiétaient beaucoup les loups.

Quelque temps après le même fâcheux événement se renouvela; les loups tuèrent un jeune cheval dans les bois auprès d'une mare peu profonde. Il nous vint à l'esprit de faire traîner les restes du poulain dans la mare, de tendre nos pièges autour de cette proie et sous l'eau, enfin de les recouvrir de vase par surcroît de précaution. Le troisième jour après l'établissement des pièges dans ces conditions un loup énorme y fut pris. On se représente la satisfaction que nous éprouvâmes; c'était notre première prise. Il nous sembla que tous les loups du canton viendraient se prendre à nos pièges l'un après l'autre. Nous raisonnions ainsi : en tendant les pièges dans l'eau, on devait incontestablement mettre en défaut la défiance craintive des loups; sous l'eau rien ne trahissait le piège, elle avait au dessus son niveau habituel, et ne laissait échapper aucune odeur qui pût se mêler aux émanations de l'appât; la vue et l'odorat de l'animal, quelque parfaits qu'ils fussent, ne pourraient conséquemment lui donner d'avertissements qui le fissent reculer. Cependant encore cette fois nos prévisions étaient fausses; le moyen n'avait pas toute la certitude que nous lui imaginions; non pas peut être que l'eau ne pût suffire à tromper les sens du loup, et notamment son excellent flair, mais pour d'autres inconvénients attachés à cette manière d'établir les pièges, lesquels inconvénients empêchent le plus souvent de réussir; nous en reparlerons dans la suite de cette notice. Nous allons maintenant dire quelques faits qui surprendront peut-être une partie de nos lecteurs, mais dont nous pouvons garantir l'exactitude, la sincérité; il n'y a pas un seul fait avancé par nous que l'observation ne puisse confirmer.

Notre loup avait entraîné dans un fourré le traquenard auquel il s'était pris, mais il ne nous fût pas difficile de le trouver; un piège en fer du poids de quinze à vingt kilogrammes qui est trainé sous le bois, retourne les feuilles, casse des brindilles, gratte la terre, laisse enfin des marques nombreuses de son passage. Le loup avait donné de telles secousses au traquenard, que ce piège était endommagé. Les *branches* et plusieurs *dents* étaient forcées; il fallut le faire porter chez le serrurier pour qu'il le réparât. C'est ici le lieu de faire remarquer qu'il est extrêmement rare que le piège avec lequel on vient de prendre un loup n'ait pas besoin de quelque réparation. On fera donc bien de le visiter attentivement avant de le retendre.

Le retard que causait le temps nécessaire pour la réparation du piège, nous donnait de l'impatience, car nous nous étions figuré pouvoir prendre un autre loup dès la première nuit. Il nous restait bien trois pièges de tendus auprès de l'appât, mais ce nombre est insuffisant; il est indispensable d'en avoir au moins quatre. Voici pourquoi : le loup n'approche jamais d'une proie que le nez dans le vent; si le vent est au nord, le loup se prendra au piège placé au sud de l'appat; si le vent souffle du midi, ce sera au nord que le loup se prendra, si le vent vient de l'est, le loup sera pris au piège établi à l'ouest de la proie, etc. Il résulte de cette particularité la nécessité d'avoir des pièges tendus à la fois dans l'aire de tous les vents principaux, de ceux qui règnent le plus ordinairement; cela est nécessaire, parce que le vent change fréquemment de direction, et qu'autrement on s'exposerait à des déconvenues désagréables. En Touraine, les vents les plus communs sont dans leur ordre d'importance : le vent de *mer* (du S.-O.), qui souffle une notable partie de l'année, qui amène les pluies, les temps humides; le vent de *bise* (N.-E), qui règne avec les froids; le vent de *galerne* (N -O.), qui souffle surtout aux équinoxes : il est caractérisé par les giboulées que les mariniers de la Loire appellent *galerniaux* ; enfin le vent de saulair (N.-E.), qui vient d'où le soleil se lève : il règne principalement aux solstices, et il donne ou les plus grandes chaleurs de l'été ou les plus grands froids de l'hiver.

Notre piège réparé, nous nous empressâmes de le replacer; mais nous reconnûmes bientôt que nous avions eu grand tort de tant nous tourmenter pendant qu'il était entre les mains du serrurier. Les pièges restèrent tendus pendant plus de quinze jours; tous les matins, avant le lever du soleil, nous allions les visiter et suivant ensuite attentivement les chemins, les routes et *rottes* ou sentiers de la forêt, nous cherchions à découvrir les *voies* de quelque loup : nous étions jeune alors, ces fatigues ne nous effrayaient pas; mais elles étaient inutiles : Il n'y avait plus de loups dans la forêt. Cependant nous n'en avions pris qu'un, et avant cette prise on en voyait souvent jusqu'à trois et quatre ensemble :

les autres avaient donc émigré. Nous avons toujours remarqué depuis, chaque fois que nous avons pris un loup *au piège*, et nous en avons pris un bon nombre, la même disparition de toute voie de loup. Ce fait, constamment observé, nous autorise donc à affirmer que, lorsqu'il y a plusieurs loups dans une partie de forêt, si l'on en prend un *au piège*, les autres émigrent la nuit suivante, pour ne revenir que quinze jours, trois semaines et même un mois après. Ceux que l'on voit par hasard dans la durée de cette émigration sont des loups voyageurs qui vont d'une forêt à une autre forêt.

On aurait par conséquent tort de croire qu'on pût prendre de suite plusieurs loups au même endroit et aux mêmes pièges, la chance la plus heureuse, c'est d'y en prendre un par mois, par six semaines d'intervalle, c'est à dire chaque fois qu'ils reviennent dans la contrée que le chasseur habite. Il nous est arrivé plusieurs fois de transporter nos pièges dans les parties de la forêt où les loups se retiraient après la prise au piège de l'un deux dans celle de notre voisinage.

Nous souhaitons que cette longue suite

d'observations n'ennuie pas trop notre lecteur; c'est la conviction qu'il y peut trouver de bons renseignements qui nous a engagé à l'écrire : il sied toujours à celui qui a suivi une route peu connue de la jalonner pour ceux qui y viennent après lui.

Un mois après notre première prise, des loups revinrent dans nos environs, et ils y commirent bientôt de nouveaux dommages. Dès que nous en fûmes instruits, nous retendîmes nos pièges; nous les tendîmes d'abord, bien entendu, dans une mare où nous avions fait traîner préalablement une charogne : les loups n'en approchèrent pas; cependant nous voyions par leurs voies qu'ils venaient toutes les nuits rôder autour de l'appât. Dans les premiers jours qui avaient suivi l'établissement des traquenards, un chien, attiré par l'appât, s'était pris à l'un de ces pièges, nous présumâmes que cet accident était pour quelque chose dans notre mécompte. Obligé de relever nos pièges, nous les replaçâmes autour d'une autre proie dans un pré qui occupait le fond d'un vallon entre deux bois : les loups ne vinrent pas plus à l'appât du pré qu'ils n'étaient venus à celui de la mare. Enfin, dans l'espace de quinze, ou peut-être de dix-huit mois, nos pièges furent successivement placés à vingt endroits différents et dans des conditions variées : ici sur une pâture, sur une friche; là, au milieu d'un pré, ailleurs dans une bruyère, et toujours sans succès : c'était décourageant, on en conviendra.

Dans le temps que, lassé, nous allions cesser nos tentatives, il mourut une vache d'un fermier de notre voisinage; à notre demande, ce fermier voulut bien, après qu'il eut fait lever la peau de son animal, en faire conduire le corps au milieu d'une pièce de terre récemment labourée, située à environ 500 mètres au sud de la forêt; la charogne fut placée en long sur le dos d'un sillon, et nous tendîmes nos quatre pièges dans le fond des raies qui bordaient ce sillon, deux de chaque côté de l'appât. Quand les pièges furent tendus, on hersa (1) la terre sur un rayon de vingt mètres au moins : le hersage effaça nos

(1) Herser, c'est promener sur un labour un lourd châssis en bois armé de dents en fer plus ou moins fortes, plus ou moins rapprochées, suivant la nature de la terre. Cette opération a pour but de broyer les mottes que la charrue

pas et enterra les ordures qu'on avait pu faire près des pièges. Ce moyen eut un plein succès; dès la nuit suivante un loup fut pris. Comme le premier, il put gagner, le traquenard aux jambes, un fourré où nous le retrouvâmes le lendemain, guidé par la trace du piège.

Dans les deux années qui suivirent, nous ne prîmes que trois loups, malgré que nous n'ayons pas cessé de tendre nos pièges chaque fois que ces animaux revenaient dans la partie de forêt que nous avoisinions. Cet insuccès provenait principalement de ce que très souvent des chiens se prenaient aux pièges et donnaient l'éveil aux loups par leurs cris de détresse. En effet, quand un chien a été pris aux pièges, surtout si cela a été de nuit, les loups ne reviennent plus à l'appât. Cela tient, on n'en peut douter, à deux causes : la première ce sont les cris vraiment effrayants que pousse le chien quand il se sent saisi par le piège, et la seconde, c'est qu'un chien n'étant pas assez vigou-

a soulevées, d'ameublir la terre, et conséquemment de la mettre dans les conditions les plus favorables pour recevoir l'action bienfaisante de la lumière, du calorique, de l'air, des pluies et des rosées.

reux pour entraîner le traquenard, il faut qu'il passe la nuit sur place ; on conçoit que si des loups viennent alors à l'appât et qu'ils voient le chien dans cette situation, couards comme ils le sont, ils s'enfuiront pour ne plus revenir.

DES DIFFÉRENTS APPATS POUR ATTIRER LES LOUPS AUX PIÈGES.

Les gros animaux domestiques crevés ou abattus sont les appâts que l'on emploie le plus ordinairement pour attirer les loups aux pièges. Un cheval, un mulet, un âne, un bœuf ou une vache, un mouton affriandent également le loup ; mais ces charognes ont le grand inconvénient d'attirer avec les loups toute la gent carnivore : les chiens, les renards, les putois, les buses, les corbeaux, etc. ; si un de ces animaux se prend aux pièges, plus d'espoir d'y voir de loups.

Il nous restait donc à surmonter ce dernier embarras : on y parvenait évidemment en trouvant un appât qui n'attirât que le loup.

On sait que le loup est l'ennemi né du chien, qu'il n'y a ni paix ni trêves entre ces deux races ; s'il se présente à la fois deux proies, parmi lesquelles un mâtin, le loup se jetera de préférence sur le mâtin ; ce n'est pas qu'il le mange, qu'il s'en nourrisse, mais il aime à le déchirer, à le mettre en pièces. Autre fait : le loup donne avec autant d'ardeur, se jette avec autant d'acharnement sur un chien mort que sur un chien vivant ; tandis qu'il est constant qu'un chien, qu'un renard et avec eux tous les animaux de proie n'approchent jamais d'un chien mort.

L'appât le plus sûr et le plus convenable pour prendre des loups aux pièges est donc le chien crevé ; puisque cet appât attire le loup en éloignant les autres animaux de proie. Depuis que nous avons commencé à mettre cet appât en usage, le succès a été constant : nous allons dire les précautions à prendre pour l'employer.

Les plus gros chiens font les meilleurs appâts ; les petits conviennent infiniment moins ; il n'est pas difficile de s'en procurer de gros ; il y en a assez dans les campagnes qui coûtent à nourrir et qui ne rendent point de service, soit qu'il soient paresseux, soit qu'ils soient trop vieux.

Lorsqu'on a un chien que l'on destine à faire appât, il faut bien se garder de le tuer d'un coup de fusil ; l'odeur de la poudre ferait fuir les loups au lieu de les attirer : l'observation nous a prouvé ce nouveau fait. Il faut étrangler le chien. Le chien tué, on le place sur le dos d'un sillon, dans une terre nouvellement labourée, et, on le fixe sur le sillon au moyen d'une pièce à crochet. Cette précaution est indispensable, car, si l'appât n'était pas attaché, comme il existe entre les pièges un certain intervalle, il pourrait arriver, et cela dépend de la direction que le vent a par rapport à leur position, il pourrait arriver, disons-nous, que le loup parvint à l'appât sans se prendre aux traquenards, auquel cas il emporterait la proie si elle n'était pas clouée au sol pour ainsi dire, et il faudrait s'en procurer un autre. Mais si l'appât est fixé solidement, pour l'arracher le loup devra s'agiter, tourner, et dans ses mouvements il ne manquera pas d'être saisi par l'un des pièges.

Quand on veut tendre des pièges à loup dans un *climat* où il ne se trouve point de terre nouvellement labourée, il faut en faire labourer tout exprès une surface carrée de quatre ares au moins, soit à bras, soit à la charrue ; cette dernière manière étant de beaucoup la plus expéditive, on l'emploiera de préférence. Les laboureurs auront soin de former des sillons de six raies, c'est-à-dire d'environ deux mètres de largeur, et bombés autant que possible; il convient aussi que le fond des raies ait environ cinq décimètres de largeur, afin qu'on puisse y tendre commodément les pièges. On hersera le labour en long et en travers; on mettra l'appât au milieu du carré, et, comme nous l'avons déjà dit, sur le dos d'un sillon; on le fixera au moyen du pieu à crochets; enfin, on placera les pièges, deux dans chaque raie, et au plus à deux mètres l'un de l'autre, de manière que l'appât soit au milieu des quatre, à égale distance de chacun, comme le présente la figure 5 de la planche.

Lorsqu'on tend des pièges, il faut avoir soin de ne faire ni laisser faire d'ordures dans un rayon de cinquante pas au moins: il est bon aussi d'avoir des sabots aux pieds plutôt que des chaussures en cuir.

Quand les pièges et l'appât auront été disposés de la façon que nous avons dite, on devra faire une revue des lieux afin de ne laisser traîner ni papiers, ni chiffons, en un mot, rien de ce qui décèlerait l'homme. Un morceau de papier, une loque qui blanchit dans l'ombre suffit pour faire rétrograder le loup que l'appât avait attiré. Cette revue achevée, il faudra, au moyen d'un rateau, gratter fortement la terre autour des pièges pour effacer les pas; et si des ordures avaient été faites, on devrait les enlever avec la terre qui les porterait et aller jeter le tout à l'écart. Toutes ces précautions prises, on n'aura plus qu'à se retirer.

On tend ordinairement les pièges à loup, le soir, au coucher du soleil. Il ne faut pas oublier d'aller les visiter tous les jours, le matin et le soir, tant qu'ils restent tendus. A la première visite, qui doit avoir lieu le lendemain de la mise en place des pièges, de grand matin, s'il n'y a pas un loup de pris, on fera quatre petits fagots d'épines qu'on aplatira un peu avec le pied, puis à l'aide d'une fourche on en mettra un sur chaque piège pour indiquer leur position aux indiscrets. Le soir, on revient aux pièges pour ôter les fagots d'épines que l'on va cacher au loin sous un arbre ou dans un buisson; quand il n'y a ni arbre ni buisson assez proches, on les enterre; on efface les pas en se retirant comme la veille, et l'on recommence la même manœuvre le lendemain et les jours suivants.

PROCÉDÉ INFAILLIBLE DE PRENDRE UN LOUP AVEC PROMPTITUDE.

Dans les bois où il se trouve peu de loups, il arrivent souvent que les pièges restent longtemps tendus sans qu'il s'y en prenne, à la longue le chasseur rebuté finit par n'y plus aller voir que rarement; il faut y apporter de la persévérance, autrement ce sera précisément le jour où l'on aura manqué d'aller au piège, qu'on y aurait trouvé un loup de pris ; et que l'on ne croie pas que le loup s'y retrouverait le soir, le lendemain ou le surlendemain, soit mort, soit vivant; c'est un fait reconnu qu'un loup pris au piège se coupe la patte avec les dents après quelques heures de surprise, d'irrésolution et d'abattement. Différentes remarques nous portent à croire que le loup pris la nuit se tranchait la jambe entre neuf et onze heures de la matinée qui suit; il est donc prudent d'être au piège de bonne heure, parce que si l'on n'y allait qu'au milieu du jour, que le soir ou le lendemain, on ne trouverait plus après le piège que la patte du loup. Le chasseur aurait cependant atteint une partie du but qu'il se proposait, car un loup qui n'a plus que trois pattes ne tarde pas à se faire tuer ou prendre.

Voici pour le chasseur peu patient un moyen sur de prendre un loup en peu de temps ; ce procédé que nous avons souvent employé nous a toujours réussi :

Il faut se procurer deux chiens ; on en étrangle d'abord un que l'on place dans un nouveau labour convenablement hersé, comme nous l'avons expliqué précédemment ; on le fixe au sol par un pieu à crochets ; on gratte la terre autour avec un rateau pour effacer les pas ; enfin on prend toutes les précautions que l'on prendrait s'il s'agissait de tendre les pièges ; on revient même de temps en temps à la proie pour effacer les pas et enlever les ordures que des étrangers pourraient être venus faire auprès : cet appât est destiné à allécher le loup ; lorsqu'il aura été emporté, on remettra l'autre chien à la même place, mais cette fois on tendra les pièges ; le loup affriandé ne manquera pas de revenir, et c'est alors qu'il se prendra.

Le loup est surtout défiant et timide lorsqu'il sort du bois; mais lorsqu'il est en plaine à cent pas de la lisière de la forêt, c'est à dire lorsqu'il peut voir tout autour de lui à une certaine distance, il l'est infiniment moins, et il approche d'une proie avec plus de résolution : on sera donc conséquent en tendant les pièges à cent mètres du bois; d'un autre côté il est convenable de ne pas les en éloigner de plus de cinq cents pas; et l'on devra toujours les placer aux endroits par où les loups passent habituellement pour sortir de la forêt ou pour y rentrer : les voies de ces animaux indiquent suffisamment les endroits dont il s'agit.

Des auteurs enseignent que le temps le plus favorable pour prendre des loups c'est l'hiver, par les fortes gelées et quand la neige couvre la terre; cela est manifestement erroné, car : 1° par les fortes gelées les appâts n'ont pas d'émanations sensibles, ce n'est que le hasard qui peut y conduire les loups, 2° les grands froids font très souvent casser le ressort des pièges; 3° les traquenards doivent être couverts de terre, si la terre était gelée comment les pièges se détendraient-ils ? Nous concluons que l'on peut prendre des loups aux pièges en fer toute l'année, hormis pendant les gelées.

DE LA RECHERCHE DU LOUP PRIS AU PIÈGE.

On a dit qu'il fallait fixer les piéges ; nous prenons le contrepied de ce dire, nous prétendons qu'il ne faut pas les arrêter : si l'on fixait les pièges à un piquet, comme il est enseigné, on ne pourrait prendre de loups ; parce que le loup pris à un piège se couperait la patte, presque sur le champ, s'il ne pouvait pas l'entraîner : il ne faudra donc pas fixer le piège ; mais on aura soin de le munir d'une forte chaîne longue d'un mètre et terminée par une lourde griffe en fer ; de sorte que, lorsque le loup entraînera le piège, la griffe laisse une trace continue et aisée à suivre, de l'appât jusqu'au fourré où le loup se réfugiera.

On se donnera moins de peine dans la recherche du loup pris, si l'on a avec soi deux ou trois chiens de chasse, ou mieux autant de mâtins : les mâtins sont préférables parce que ordinairement ils se montrent plus ardents que les chiens de chasse, surtout s'ils se sentent *appuyés*. On suivra donc la trace du piège, en appuyant ses chiens qui atteindront promptement leur antagoniste; celui-ci essaiera encore de fuir, mais la griffe en s'accrochant aux cépées l'arrêtera, et il sera contraint de faire tête aux chiens; on arrivera promptement le tuer. S'il y avait au moins deux chasseurs et qu'ils voulussent avoir le loup vivant, l'un lui jetterait une fourche au cou, l'autre lui mettrait une muselière; ils lui attacheraient ensuite les pattes deux à deux avec des cordes assez fortes, le sépareraient du piège et l'emporteraient.

RÉSUMÉ.

Pour attirer et prendre les loups aux pièges, il y avait à déterminer :

1° Le moyen de tromper l'air vigilant de ces animaux, et d'ôter des abords des pièges toute apparence d'embûche : nous avons enseigné ce moyen en recommandant de ne laisser autour des pièges ni papier, ni loque, rien qui fût susceptible d'éveiller l'attention des loups.

2° Le moyen d'empêcher que des odeurs

étrangères ne se mêlassent à celle de l'appât; le hersage préalable et les ratissages journaliers sont ce moyen : en grattant le sol à la surface on efface les vestiges du pied humain, d'où s'élèvent des émanations, imperceptibles pour notre odorat obtus, mais très perceptible pour l'odorat parfait du loup ; on se souviendra aussi que nous avons recommandé de ne pas uriner auprès des pièges ni d'y faire d'autres ordures.

3° Un appât dont le loup est très avide et qui est fui par tous les autres animaux carnassiers : c'est le chien mort.

4° Les conditions de lieux, les circonstances locales les plus favorables pour l'établissement des pièges : nous avons dit qu'il fallait les placer dans une terre nouvellement labourée, à cent mètres au moins et à cinq cents au plus de la lisière des forêts.

Description des pièges.

Il ne suffit pas de savoir choisir l'appât et les endroits convenables pour tendre les pièges, il faut encore savoir choisir des pièges capables d'arrêter les loups et desquels ils ne puissent se tirer, et savoir en outre tendre le ressort de ces pièges : c'est ce qu'il nous reste à enseigner.

Les pièges à loup, qu'on appelle aussi *traquenards à bascule* doivent être tout en fer, excepté la planchette en bois qui fait bascule pour la détente du piège, ils doivent être du poids de 15 à 20 kilogrammes y compris la chaîne et la griffe : s'ils étaient trop faibles, le loup en leur donnant de fortes secousses, pourrait s'en dégager, et si au contraire ils étaient trop forts, le loup les traînant péniblement serait porté à s'en débarrasser en se coupant la patte.

Le piège figure 1 se compose d'une bande de fer plate *aa* de 3 à 4 centimètres de largeur et de 3 à 4 millimètres d'épaisseur à laquelle sont fixés solidement le ressort *b* et deux branches *cc* garnies de dents aiguës; à l'extrémité de chaque branche est un tourillon qui passe dans les oreillettes *dd* et dans une ouverture en forme de boucle pratiquée à l'extrémité de la branche supérieure du ressort. La planchette qui sert de bascule est traversée par une petite bande de fer que l'on y cloue solidement; aux extrémités de cette bande sont d'autres petits tourillons qui passent dans des oreillettes fixées à la grande bande *a*.

Cette grande bande *a* est en outre garnie à ses deux extrémités d'un petit crochet qui sert à tendre le piège et à tenir les branches en équilibre.

Pour tendre ce piège, on rapproche les deux branches, du ressort *b*, et on les maintient dans cette situation au moyen d'un crochet de sûreté tournant *f* figure 2; on ouvre les branches de *cc*, on dresse la planchette *e*, on ajuste les crochets avec les oreillettes fixées aux branches : cela fait, le piège est tendu; on retourne alors le crochet de sûreté *f*.

Quand les pièges ont été tendus de cette façon, on les place autour de l'appât, comme cela est représenté figure 3, en ayant soin de les disposer ainsi dans le fond des raies qui bordent le sillon où se trouve l'appât. On les applique d'abord sur la terre, et avec un couteau on en trace les contours; puis dans cette limite on creuse une fosse où le piège tendu doit entrer à frolement : on ménage dans le fond de la fosse un certain vide pour le libre jeu de la bascule. Le piège étant encastré dans sa fosse, on remplit de mousse les vides qui existent entre la planchette et les branches : cette opération doit être faite avec précaution, de manière à ne pas détendre le piège. Enfin on couvre le piège d'une terre très meuble que l'on a passée préalablement à la claie, pour en extraire les pierres qui auraient pu nuire à la détente du piège : il ne faut pas que cette couche de terre friable ait plus de 3 centimètres d'épaisseur. Pour terminer, on herse la terre autour des pièges et l'on se retire.

Le ressort d'un piège à loup doit être en acier, et il faut qu'il soit assez fort pour qu'un homme seul ne puisse en rapprocher les branches qu'à l'aide d'un levier. Les meilleurs ressorts que nous ayons eus sont ceux que nous faisions fabriquer avec l'acier de vieilles faux : Il est facile de se procurer de vieilles faux chez les ouvriers de la campagne ou chez les marchands de ferrailles.

La chaîne qui tient à l'extrémité du ressort doit être pliée en deux ou trois parties, et placée ainsi, avec la griffe au bout du ressort : il est bien entendu qu'elle doit être recouverte de terre comme le piège.

Les bons pièges à loup ont, quand ils sont tendus, 30 centimètres de diamètre;

quand ils sont fermés, la distance des bandes à la branche de fer qui soutient la planchette est de 15 centimètres. Il ne faut pas que les pièges soient entièrement ronds, il faut au contraire que les extrémités des branches forment un angle droit avec l'axe *g h* figure 2 : ces parties droites des branches doivent avoir cinq centimètres de longueur. Quand le piège est tout-à-fait rond, si le loup se pose sur le bord de la planchette en *l*, figure 4, il ne se prend que par la partie grosse et charnue du bout de la patte et le piège ne se ferme pas entièrement : il reste une ouverture béante entre les branches, dans laquelle un chicot ou une pierre peut pénétrer lorsque le loup l'entraîne ; qu'une secousse brusque et violente soit imprimée ensuite au piège, les branches pourront s'ouvrir et l'animal se dégager. Mais quand le loup est saisi au milieu de la patte, ce qui arrivera toujours si le piège est construit de la manière que nous venons d'indiquer (1), les branches, en se rapprochant brisent l'os, compriment les

(1) C'est à dire les branches ayant des parties droites en retour à leurs extrémités.

muscles et la peau, et le loup ne peut en aucun cas se dégager.

Les meilleurs pièges sont donc ceux représentés figure 5, puisque toujours ils saisissent le loup par le milieu de la patte, et qu'en aucun cas il ne peut s'en tirer.

Des Publications.

Lorsqu'on veut tendre des pièges à loup, il faut préalablement le faire annoncer et afficher dans les villages et hameaux qui bordent les bois où l'on veut les placer, en indiquant l'endroit précis où les traquenards seront tendus, afin que les bestiaux en soient éloignés, et en invitant les cultivateurs et les bergers à tenir leurs chiens en laisse ou à les attacher au logis ; il faut en outre mettre à tous les carrefours, sur tous les chemins et sentiers qui bornent ou traversent l'enceinte dans laquelle on veut mettre les pièges, des écriteaux ainsi conçus : dans ce climat il y a des pièges à loup de tendus.

Toutes ces précautions sont indispensables pour qu'il n'arrive pas d'accident; nous, nous ne les avons jamais négligées. Une personne qui, en dépit des publications, des affiches et des écriteaux, s'était approchée témérairement de nos pièges, eut le pied saisi par l'un d'eux; très heureusement elle en fut quitte pour une forte contusion et quelques trous que lui firent à la jambe les dents dont les branches du piège sont garnies; elle eut dû avoir la jambe brisée. Nous rapportons ce fait pour faire comprendre combien il est dangereux d'approcher des pièges à loup.

Maintenant nous avons donné nos moyens de prendre les loups au piège. Nous engageons les personnes qui se trouvent dans une position convenable à les mettre en pratique certain que nous sommes que ce ne sera pas sans succès.

DU RENARD.

Le renard a toute la légèreté du loup et il est infatigable comme lui; mais il se montre plus ingénieux dans les moyens de se procurer sa nourriture et d'échapper au péril. Cet animal a l'ouïe, la vue et l'odorat d'une finesse extrême. Quoiqu'il passe pour rusé et avec raison, il se prend facilement au piège par la grande avidité qu'il a d'un appât dont nous donnerons la composition; en faisant une trainée de cet appât on conduit le renard où l'on veut; nous en avons amené vers nos pièges de plus d'un myriamètre de distance. Quand on fait la trainée, il faut avoir soin de ne longer ni traverser les routes et les grands chemins, sur lesquels il passe des chiens à chaque instant, car les chiens la suivraient avec une aussi grande avidité que le renard.

Le traquenard fig. 6 est le seul convenable pour prendre le renard, il se compose de deux branches en fer *aa*, d'un ressort en acier *b*, destiné à faire rapprocher les deux branches en se resserrant; ce ressort du poids de 6 à 7 kilogrammes, est fixé dans les deux branches par ses extrémités qui les traversent et y sont retenues par des écrous. Ce piège se compose en outre d'une détente, d'une bascule et d'un appui *c*.

Pour tendre ce piège, on ouvre les branches *aa*, ce qui écarte le ressort, et l'on dispose ensuite les diverses pièces que nous avons désignées en dernier lieu. Quand le piège est tendu, pour ne pas courir risque de se blesser, on met une cheville dans la détente, on passe ensuite le bout d'une cordelette dans un trou fait à la gâchette, on l'y fixe, et on attache l'appât à l'autre bout de la cordelette.

Il faut deux personnes pour tendre ce piège, mais il n'y aura point d'inconvénients à le tendre au logis, car tant que la cheville sera dans la détente on pourra le manier et le transporter sans danger.

Le renard est comme le loup, aussi longtemps qu'il se trouve sous bois ou dans les halliers, il montre beaucoup de défiance et n'avance qu'avec la plus grande circonspection, s'arrêtant à chaque instant pour écouter, mais dès qu'il a débouché sur la plaine et qu'il peut voir autour de lui, son allure est plus décidée et sa marche plus hardie.

Les pièges à renard peuvent être placés sur une terre labourable, sur une pâture, dans les friches et dans les prés ; mais il faut les placer de préférence dans un pré, surtout s'il est nu, s'il n'y a pas d'arbres plantés dessus ; il est bien entendu que ce pré doit être dans le voisinage des bois. Le piège à renard se tend dans une fosse creusée exprès comme le piège à loup, seulement on devra avoir soin de placer le ressort à l'opposé de la trainée. Il faut que le piège soit à 50 mètres au moins de la lisière du bois. Enfin pour dernière précaution, dans un rayon de 20 à 30 pas, on ne laissera trainer ni papiers, ni chiffons, ni quoi que ce soit qui puisse effaroucher le renard.

Avant de parler de la façon de faire les trainées, nous allons donner la composition de l'appât à renard, et la manière de le préparer.

COMPOSITION ET PRÉPARATION DE L'APPAT POUR LE RENARD.

Un bon nombre d'appâts pour attirer le renard, ont déjà été donnés ; il entre même dans plusieurs une partie des ingrédients qui entrent dans le nôtre ; c'est principalement par la préparation que notre appât diffère de ceux-là.

Les ingrédients qui composent l'appât pour le renard se divisent en deux parties : ceux pour la composition de l'appât même et ceux nécessaires à la préparation de la trainée.

L'appât est formé des ingrédients suivants :

1 ognon blanc de moyenne grosseur,
5 hectogrammes de saindoux,

1 hectogramme de miel,
15 grammes de *galbanum*,
5 hectogrammes de pain blanc.

Il se prépare de cette manière :

On prend une casserole neuve ou récemment étamée ; on jette dedans l'ognon blanc coupé en tranches et une portion de saindoux d'environ un hectogramme ; on fait frire l'ognon dans le saindoux, ensuite on met dans la casserole le surplus du saindoux, le miel et le galbanum ; on fait chauffer ce mélange en le remuant avec une spatule ; puis on coupe le pain en morceaux de la grosseur d'une noix que l'on jette frire dans la casserole. Quand le pain commence à roussir, on le retire au moyen d'une écumoire en l'égouttant bien pour n'enlever que le moins possible de friture ; on met le pain retiré de la friture avec le plus de diligence qu'il se peut dans un pòt de grès neuf que l'on s'empresse de recouvrir d'une feuille de papier pour que l'air n'enlève pas au pain l'odeur qu'il a prise dans le mélange : ces petits morceaux de pain frits constituent l'appât.

On remet ensuite un instant sur le réchaud la graisse restée dans la casserole, et l'on jette dedans plein un dé à coudre de camphre en poudre et cinq à six gouttes d'essence d'anis; on remue avec la spatule, on verse dans un autre pot de grès également neuf et enfin on y plonge les intestins ou le ventre d'une volaille attachés à une ficelle; pour terminer, on retire le ventre de volaille de la graisse, et on le laisse égoutter et refroidir : c'est ce ventre de volaille qui sert à faire la trainée qui conduit le renard à l'appât et au piège.

Avant d'indiquer la manière de faire la trainée, nous allons dire comment on doit procéder pour placer le piège.

Quand le piège est tendu et qu'on a trouvé un endroit convenable pour le placer, on creuse une fosse pour l'y encastrer; cette fosse doit être exécutée de façon que les branches et les ressorts ne soient pas gênés. Avant d'établir le piège dans son encaissement, il ne faut pas oublier d'en frotter toutes les parties avec un linge blanc de lessive sur lequel on aura mis un peu de graisse de la trainée; on empêche ainsi le piège de rouiller, et on efface l'odeur du fer. Cela fait, on met le piège dans la fosse et on le couvre de graines de foin; ensuite, on relève soigneusement et on transporte à l'écart la terre qui est provenue de la fouille; on place l'appât qui est attaché à la ficelle fixée à la gachette du piège sur une poignée de graines de foin qui cachera la ficelle. Un appât est formé de deux morceaux de pain frits; on ôte la cheville qui avait été passée dans la détente, et enfin, avec une pelle en bois ou une planchette frottée toujours de la même graisse, on efface ses pas afin qu'aucune émanation ne puisse se mêler à celle de l'appât. On aura eu soin de ne point faire d'ordures autour de l'appât.

Pour faire la trainée, on se chaussera de sabots frottés préalablement de graisse, on attachera à ses vêtemens la cordelette à laquelle tient le ventre de volaille, et laissant traîner derrière soi cet objet, dans les endroits fréquentés par les renards, on suivra les berges des fossés, les faux-fuyants, les ravins, les fonds (thalwegs), évitant soigneusement de suivre et de couper les routes et les chemins où des chiens peuvent passer. On marchera en se rapprochant du piège; de place en place, de 100 pas en 100 pas, on jettera une poignée de graines de foin sur lesquelles on placera un morceau de pain frit. On pourra faire plusieurs trainées, seulement on aura soin de les réunir à 30 pas en avant du piège, et de répandre au point de rencontre de la graine de foin sur laquelle on mettra un appât.

On est certain que le premier renard qui rencontrera ces trainées les suivra dans toute leur longueur, eussent-elles plusieurs myriamètres d'étendue, s'il n'est pas effrayé par l'approche de gens ou de chiens ; chemin faisant, il mangera les morceaux de pain frits mis de place en place pour l'attirer, mais quand il s'emparera des deux morceaux attachés au piège, il tirera la gachette de la détente et il sera pris par le cou.

Quand il y a de la neige sur la terre, il faut employer des balles ou menues pailles de froment ou d'avoine au lieu de graines de foin. Cependant nous avons observé que dans cette circonstance on ne réussissait pas souvent, soit qu'il vînt à tomber d'autres neiges, soit que le vent roulât sur la trainée celles tombées, soit, enfin, que la fonte survînt ; c'est presque toujours du temps et des appâts perdus : d'ailleurs il n'est ni aisé ni agréable de faire des trainées dans les bois quand ils sont pleins de neige.

Au moyen de l'appât dont nous venons de donner la composition et la préparation, on peut prendre des renards en toute saison; mais l'époque la plus convenable, c'est l'hiver, de la fin du mois d'octobre à la fin du mois de mars : en effet, l'hiver la peau du renard a quelque valeur et elle n'en a guère en été.

On visite le piège à renard comme le piège à loup tous les matins; quand il n'y a rien de pris, on le relève après avoir mis la cheville dans la détente; le soir on le replace et on renouvelle la trainée.

On pourra détruire dans un seul hiver, tous les renards d'un canton, si l'on exécute bien tout ce que nous recommandons.

Du soin qu'il faut avoir des pièges.

Il serait fort inutile de nettoyer les pièges à loup qui doivent être couverts de terre, et qui peuvent rester 15 et 20 jours sans être relevés, mais il n'en est pas de même du piège à renard; il ne faut pas laisser sur celui-ci la moindre tache de rouille; on doit quand on veut l'employer le nettoyer parfaitement à l'eau et à l'émeri, se gardant de se servir d'huile, et le frotter avec un morceau de bois blanc jusqu'à ce qu'il soit bien luisant sous tous ses aspects ; on l'essuie ensuite avec un linge très sec et très propre. Pour effacer l'émanation des doigts, au moment où on le met dans l'encaissement, comme nous l'avons déjà dit, on le frotte d'un linge sur lequel on a étendu de la graisse de l'appât.

LA FOUINE.

Cet animal est rangé parmi les naturalistes dans la classe des mammifères, ordre des carnassiers, famille des carnivores, tribu des digitigrades, sous tribu des digitigrades vermiformes, genre marte. La fouine dévore les œufs et attaque la volaille, elle habite les granges et les greniers pleins de foin ou de paille; il n'est pas aisé de la détruire.

Il y aurait un grand inconvénient à employer des viandes pour attirer les fouines aux pièges, car en se servant de cet appât on prendrait bien plus sûrement les chats du logis que les fouines, et les chats dans les fermes servent plus que les fouines ne nuisent. Il faudrait renoncer à détruire les fouines s'il n'y avait pas d'autres appâts qui les attirassent.

On se servira pour prendre les fouines du traquenard fig. 6 et on prendra un œuf pour appât. On attachera l'œuf à la ficelle qui tient à la gachette, et on couvrira le piége de graines de foin ou de menues pailles, selon qu'on l'aura tendu dans un grenier à foin ou dans une grange, ne laissant que l'œuf à découvert. Si une fouine voit cet œuf, elle voudra le prendre, et quand elle le tirera, le piège la saisira par le cou ou à mi-corps.

On peut détruire de cette manière en peu de temps toutes les fouines que l'on a dans ses bâtiments.

FIN.

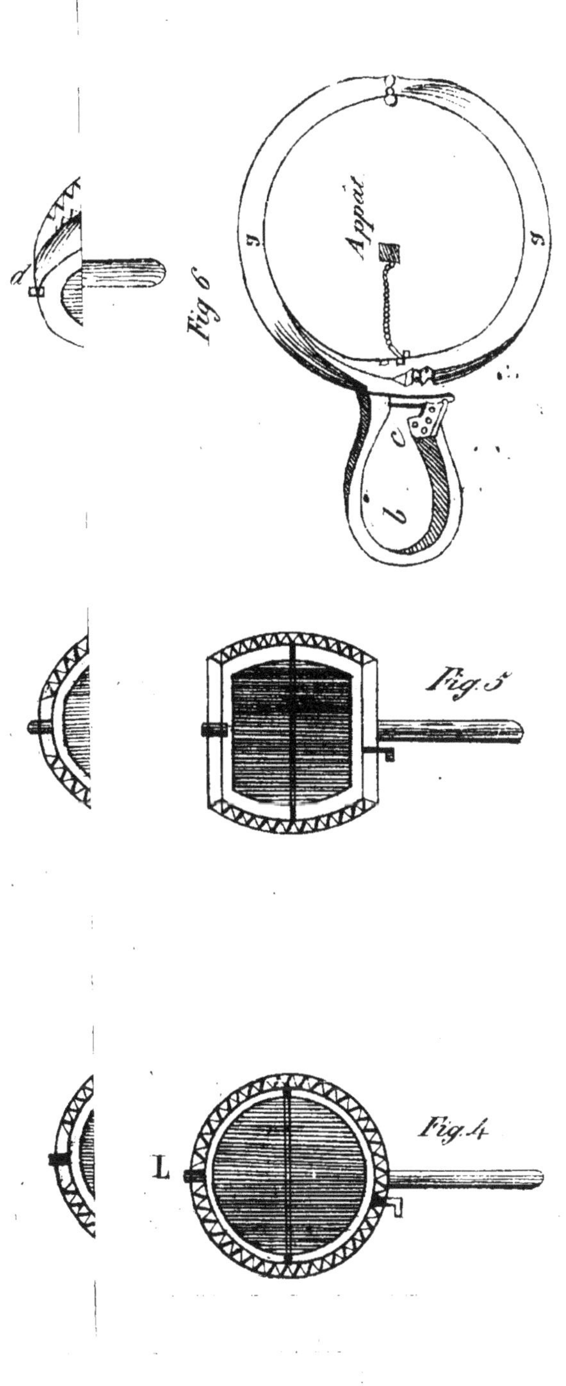
Fig 6
Appât
g
g
b
c
Fig.5
Fig.4
L

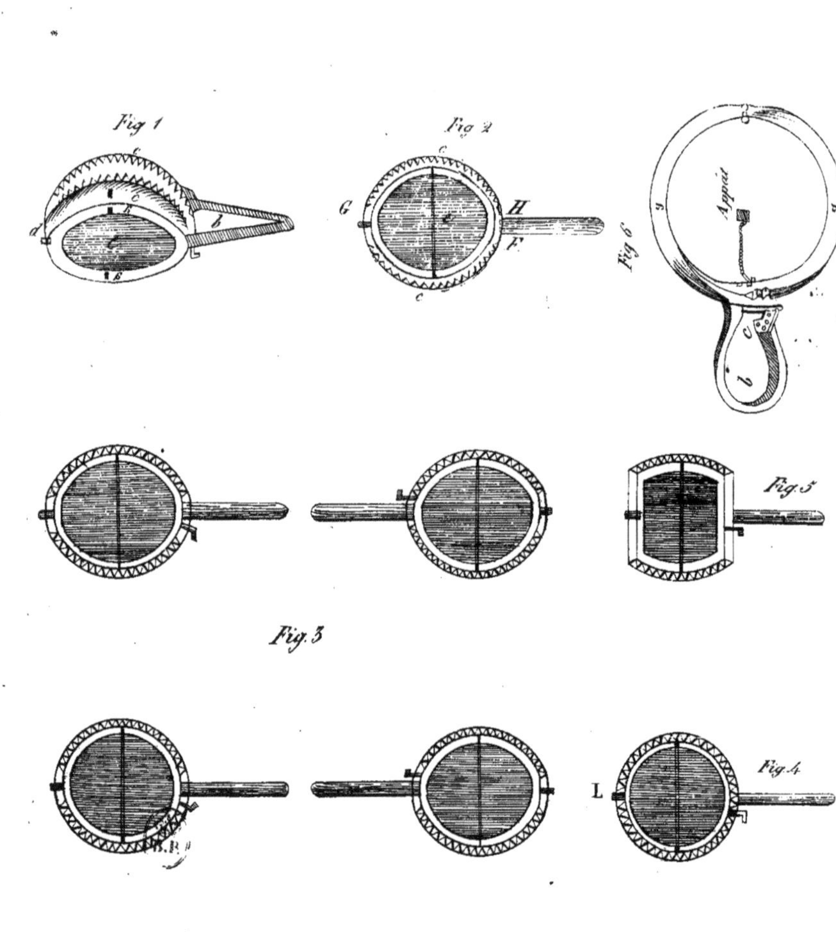

Fig 1
Fig 2
G
H
F
Fig 6
Appât
Fig.5
Fig.3
L
Fig.4

www.ingramcontent.com/pod-product-compliance
Ingram Content Group UK Ltd.
Pitfield, Milton Keynes, MK11 3LW, UK
UKHW020409190726
13838UKWH00006B/1693

9 782329 3788